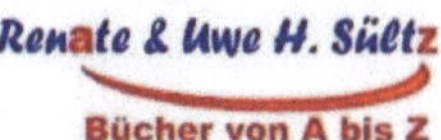

Compact Cassetten & Recorder

Vom Holzklotz bis zum Nakamichi Dragon

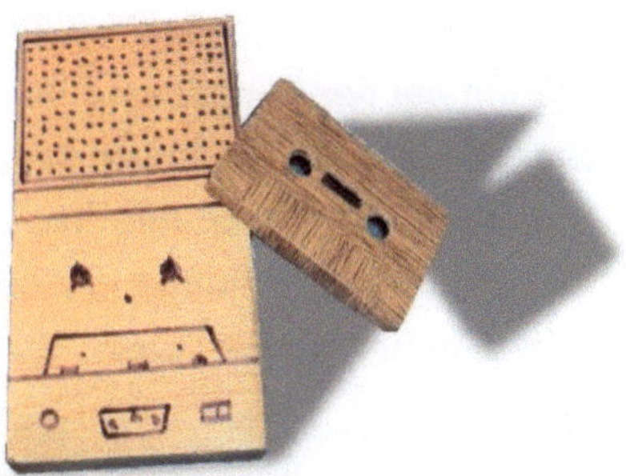

Bibliografische Information durch die Deutsche Nationalbibliothek
Die Deutsche Nationalbibliothek verzeichnet diese Publikation in der
Deutschen Nationalbibliografie; detaillierte bibliografische Daten
sind im Internet über http://dnb.dnb.de abrufbar.

Das Buch ist für werdende Fans der Compact Cassette und Recordern gedacht. Alles begann im Jahr 1963. Das bedeutet, dass der Erfinder der Compact Cassette und des Recorders PHILIPS EL 3300 in diesem Jahr sein 60-jähriges Jubiläum feiert. Lodewijk Frederik „Lou" Ottens (* 21. Juni 1926 in Bellingwolde; † 6. März 2021 in Duizel) war sein Name. Ich lernnte ihn bei der Funkausstellung 1963 kennen, er gab mir einen Lutscher. Mein Vater eröffnete danach die erste Reparatur-Werkstatt. Ich machte dann weiter. Mit diesem Buch will SÜLTZ BÜCHER das Erbe der Compact Cassette immer in Erinnerung halten. Unsere Nachkommen sollen immer wissen, wozu der Bleistift benötigt wurde.

© Renate & Uwe H. Sültz
Herstellung und Verlag:
BoD – Books on Demand. Norderstedt
ISBN 9-78373-4-74356-6

• WORLD'S FIRST! •

PHILIPS EL3300 CASSETTE REC/PLAYER

& TAPE CARTRIDGES (cassette tapes)

launched at the Berlin Radio Show 30th August 1963

and in the UK a year later in 1964

Wer dieses Buch kauft, will sofort wissen, ob auch die Tonkopfeinstellung behandelt wird. Ja, natürlich. Für Experten soll es ein Abgleich mit den Autoren, ob es richtig erklärt wird, und für Anfänger soll gezeigt werden, dass jeder diese Wartung durchführen kann. Die Voraussetzung ist, dass nichts verstellt oder defekt ist. Ist der Kippwinkel verstellt, benötigt man eine Kopfeinstelllehre. Diese Arbeiten und weitere Wartungsaufgaben sind in unseren weiteren Büchern erklärt. Wir wollen in diesem Buch nur auf die Kopfeinstellung eingehen. Bevor man die Azimut Einstellung 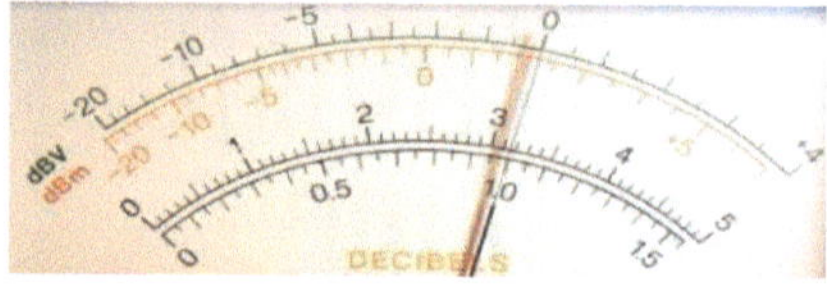 mit einem Oszilloskop durchführt, ist es sinnvoll, mit Hilfe eines Millivoltmeters den Tonkopf (Azimut) so zu justieren, das für beide Kanäle ein maximaler Pegel (z.B. mit einer Testcassette 10kHz) erreicht wird. Im dritten Schritt erfolgt dann die Feineinstellung des Azimut nach einer Lissajous-Figur. Bei korrekter Einstellung ist im X-Y Betrieb des Oszilloskops ein Strich zu sehen der von Links unten nach rechts oben geht.

Nun zum Sinn dieses Buches:

Wir leben heute in einem Zeitalter der Technik und Forschung. Die Menschheit hat es weit gebracht, wir blicken tief in den Weltraum und werden wohl in diesem Jahrzehnt zum Mars reisen. Heute ist der 8. Januar 2023. Auf der einen Seite sind wir hochmodern und auf der anderen Seite marschierte im letzten Jahr Russland in die Ukraine ein... wir haben Krieg. Krieg im Jahr 2023? Verrückt, oder? In einer Zeit, wo wir im Internet mit einem Klick das neueste Lied von David Guetta & Bebe Rexha - I'm Good (Blue) hören können? Vor einem Jahr machte sich niemand Gedanken darüber, woher kommt das Gas für meine Heizung, woher Benzin für mein Auto? Man dreht den Heizungsregler auf und schon wird es warm, alles war bezahlbar. Schon allein wegen des Klimas musste einmal etwas geändert werden, aber auf solch eine Art und Weise, durch Krieg? Viele heizen wieder mit Holz und Kohle, so wie früher. Ein Scenario: In YouTube kann man mit einem Klick alle Hits der damaligen K-tel Schallplatte oder MusiCassette DYNAMITE herunterladen. Und dann kann es auf einmal Klick machen und wir haben in Städten oder gar Ländern Stromausfall. Gut möglich in dieser heutigen Krisenzeit. Und nun? Der Holzofen gibt gerade eine mollige Wärme ab. Kerzen werden angezündet, Batterien werden in den Compact Cassetten Recorder gelegt und die Compact Cassette DYNAMITE wird gestartet. Hoffentlich ist das nicht der Grund für ein Comeback... bestimmt nicht, denn es gibt Sammler, die die Geschichte der Compact Cassette und des Recorders dazu aufleben lassen. 60 Jahre wird also heute die Cassette und zur Funkausstellung 1963 kam der Recorder PHILIPS EL 3300 hinzu.

Dieses Buch soll etwas Geschichte aufzeigen, etwas die Sammelleidenschaft fördern, eine Kaufberatung für Compact Cassetten geben, ein immer wieder aufleben lassen der Compact Cassette und etwas mehr...

ETWAS GESCHICHTE: Anfang der 1960'er Jahre, vielleicht auch schon etwas früher, suchte PHILIPS nach einem handlichen Tonbandgerät. Zuerst dachte man an eine Art Diktiergerät. Aber Lou Ottens sprach vom Pocket-Recorder und auf den ersten Schaltbildern wurde das Gerät mit Taschen-

Recorder beschrieben. Wir gehen in diesem Buch nur etwas auf die Einloch-Kassette ein, die in Wien bei PHILIPS parallel entwickelt wurde. Tatsächlich steckte Lou Ottens einen Holzklotz in die Tasche, nach dieser Größe sollte Peter van der Sluis ein Gehäuse konstruieren.

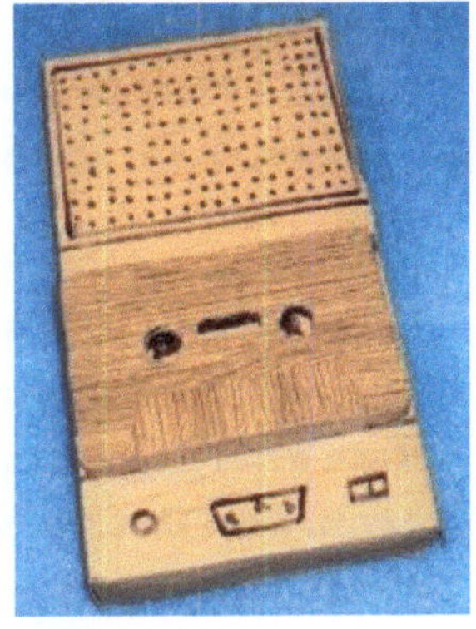

Die Entwicklung der Compact Cassette vergab Teamleiter Lou Ottens an J.J.M. Schoenmakers. Er entwickelte ebenfalls den Mechanismus zur Verriegelung der Cassette, so dass diese nicht herausfallen konnte. Dabei wurden Tonkopf, Löschkopf und die Andruckrolle in die Cassette geschoben.

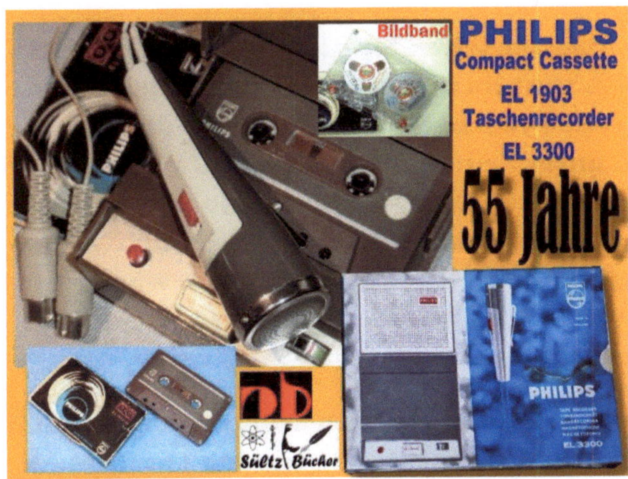

Aus dem Buch:
55 Jahre PHILIPS welterste Compact Cassette EL 1903
+ Recorder EL 3300

Der welterste Compact-Cassetten-Recorder (Pocket-Recorder) PHILIPS EL 3300 wurde im belgischen PHILIPS-Werk in Hasselt entwickelt. Dieses sog. Zweilochsystem setzte sich gegen das in Wien entwickelte Einlochsystem durch. Lou Ottens war der Teamleiter in Belgien. Maßgeblich beteiligt im Team waren J.J.M. Schoenmakers und Peter van der Sluis (die Urkassette PHILIPS EL 1903, den Mechanismus, sowie den Recorder). 1963 wurden bei der Großen Funkausstellung in Berlin der Recorder EL 3300 und die Cassette EL 1903 dem Publikum vorgestellt. Um den Recorder und Cassette international zu etablieren, wurde alles mit "C" geschrieben. 1965 stellte PHILIPS die Technologie anderen Herstellern zur Verfügung. Im gleichen Jahr kam auch die erste fertig bespielte MusiCassette in die Läden, obwohl es bereits ein Jahr zuvor "Kostproben" von PHILIPS/ MERCURY gab. 1966 gab es dann erste MusiCassette in STEREO. 1968 wurde DOLBY eingeführt und 1971 CHROMDIOXID.

In dieser Ausgabe sehen Sie die welterste Compact-Cassette PHILIPS EL 1903 im zerlegten Zustand. Die Cassette stammt aus dem Jahr 1963. In den USA wurden die Recorder und Cassetten unter dem Namen NORELCO verkauft. PHILIPS legte zu den ersten Carry-Cordern 150 eine dieser ersten Compact-Cassetten mit NORELCO-Aufschrift. Die weltersten Cassetten besaßen keine Lösch-Laschen, waren schwerer und wurden mit Schrauben und Muttern zusammengehalten.

Ebenso werden die weltersten Compact Cassetten Recorder gezeigt und die Unterschiede nach den Facelifts. Der

Recorder EL 3300 besaß noch keine Motorregelung. In der nächsten Generation wurde eine einstellbare Regelung eingebaut. Dazu wurde ein Einstell-Messgerät entwickelt. Ebenso zu sehen sind die ersten Testcassetten.

Aus dem Buch:
Das wunderbare Comeback der Compact Cassette –   inkl.
Tipps und Service am NAKAMICHI-Chassis

Es war wohl wie in einem Krimi. Die Amerikaner wussten
von nichts, ebenso die Japaner. Nicht einmal die beiden

Werke von PHILIPS in Wien und im belgischen Hasselt wussten anfangs etwas von einem konkurrierenden Projekt.

Die Wiener arbeiteten an einem HiFi-tauglichen Einloch-System. Mit der Einloch-Kassette hatten sie im Bereich von Diktiersystemen Erfahrung. Jetzt sollte ein hochwertiges System für den privaten Gebrauch entwickelt werden. Mit im Boot saßen GRUNDIG, die PPI (PHILIPS Phonographische Industrie) und die DGG (Deutsche Grammophon Gesellschaft). Das Band war 3,81 mm breit, genauso wie bei dem Zweiloch-System. Dieses Zweiloch-System wurde im belgischen Hasselt vom Teamleiter Lou Ottens entwickelt. Das alles spielte sich Anfang der 1960'er Jahre ab. Denn zur Funkausstellung 1963 sollte ein System vorgestellt werden. Hier die beiden Konkurrenten.

Die Zweiloch-Kassette, also die Kompakt-Kassette, später Compact-Cassette (internationaler mit C geschrieben), hatte beide Spulenwickler in einem kompakten Gehäuse. Die Einloch-Kassette benötigte eine zweite Wickelrolle. Diese war im Gerät integriert, was den Recorder größer machte. Eine Entnahme ohne Rückspulung war auch nicht möglich. Eine zweite Seite gab es auch nicht. Die Kompakt-Kassette war einfach kompakter. Sie besaß zwei Spiel-Seiten, und eine Entnahme war jederzeit möglich.

Somit entschied sich die PHILIPS-Geschäftsführung für die Kompakt Kassette. Um zukünftig internationaler zu sein, nannte man sie später Compact Cassette.

Die ersten PHILIPS Cassetten wurden mit Schrauben und Muttern verschraubt. Alle EL 1903-01 sind nach diesem Prinzip zusammengesetzt worden, ebenso die Cassetten-Beigaben zu Recordern mit PHILIPS-Chassis vor 1966. Die erste Cassette beinhaltete ein Ferroband. Auch heute werden noch neue Cassetten, div. Hersteller, produziert.

Die EL 1903-01 wurde am 8.1.1963 von PHILIPS vorgestellt. Sie hatte keine Löschnasen und war schwerer als nachfolgende Modelle der 1966/1970'er Jahre. Das Band kam von BASF, ein sogenanntes   PES 18-Band. Die Buchstabengruppe LGS und PES weisen auf den Aufbau des Bandes hin. Bei LGS steht das L für LUVITHERM, dem vorgereckten Kunststoffträger (PVC). Die Typenbezeichnung PES deutet durch die Buchstaben PE auf Polyester als Trägerfolie hin. Typ PES 18 ist das dünnste Band. Es wurde in erster Linie für tragbare Batteriegeräte entwickelt, auf denen nur Spulen mit kleinem Durchmesser verwendet werden. Diese Geräte haben den für PES 18 notwendigen geringen Bandzug. Die Zahl hinter der Buchstabenreihe, bei PES 18 die 18, gibt die

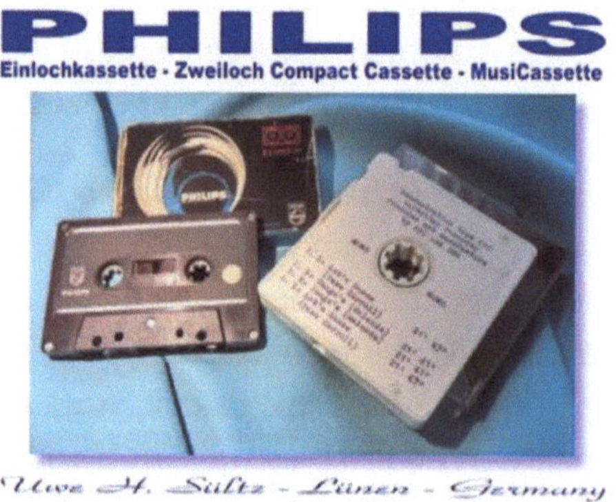

Gesamtdicke des Bandes (Träger plus Schicht) in tausendstel Millimeter an. Je dicker das Band ist, umso robuster ist es. Somit ist das PES 18-Band, das in der weltersten PHILIPS Compact Cassette von BASF geliefert wurde, nur 18 tausendstel Millimeter stark. Lou Ottens entwickelte damals den weltersten Compact Cassetten Recorder (Pocket-Recorder) PHILIPS EL 3300. Maßgeblich beteiligt im Team waren J.J.M. Schoenmakers und Peter van Sluis (die Urkassette EL 1903, den Recorder und den Mechanismus). Der erste Recorder wurde am 30.8.1963 auf der Funkausstellung vorgestellt. Der erste Verkauf war in der 42. Woche 1963. Ab November 1964 wurde der Recorder in Amerika von NORELCO vertrieben, der CARRY CORDER 150. Hier legte man eine Cassette EL 1903 mit NORELCO-Aufdruck bei.

Die ersten PHILIPS Cassetten wurden mit Schrauben und Muttern verschraubt. Alle EL 1903-01 sind nach diesem Prinzip zusammengesetzt worden, ebenso die Cassetten-Beigaben zu Recordern mit PHILIPS-Chassis vor 1966. Die erste Cassette beinhaltete ein Ferroband. Auch heute werden noch neue Cassetten, div. Hersteller, produziert.

Die EL 1903-01 wurde am 8.1.1963 von PHILIPS vorgestellt. Sie hatte keine Löschnasen und war schwerer als nachfolgende Modelle der 1966/1970'er Jahre. Das Band kam von BASF, ein sogenanntes PES 18-Band. Die Buchstabengruppe LGS und PES weisen auf den Aufbau des Bandes hin. Bei LGS steht das L für LUVITHERM, dem vorgereckten Kunststoffträger (PVC). Die Typenbezeichnung PES deutet durch die Buchstaben PE auf Polyester als Trägerfolie hin. Typ PES 18 ist das dünnste Band. Es wurde in erster Linie für tragbare Batteriegeräte entwickelt, auf denen nur Spulen mit kleinem Durchmesser verwendet werden. Diese Geräte haben den für PES 18 notwendigen geringen Bandzug. Die Zahl hinter der Buchstabenreihe, bei PES 18 die 18, gibt die Gesamtdicke des Bandes (Träger plus Schicht) in tausendstel Millimeter an. Je dicker das Band ist, umso robuster ist es. Somit ist das PES 18-Band, das in der weltersten PHILIPS Compact Cassette von BASF geliefert wurde, nur 18 tausendstel Millimeter stark. Lou Ottens entwickelte damals den weltersten Compact Cassetten Recorder (Pocket-Recorder) PHILIPS EL 3300. Maßgeblich beteiligt im Team waren J.J.M. Schoenmakers und Peter van Sluis (die Urkassette EL 1903, den Recorder und den Mechanismus). Der erste Recorder wurde am 30.8.1963 auf der Funkausstellung vorgestellt. Der erste Verkauf war in der 42. Woche 1963. Ab November 1964 wurde der Recorder in Amerika von NORELCO vertrieben, der CARRY CORDER 150. Hier legte man eine Cassette EL 1903 mit NORELCO-Aufdruck bei.

1965 stellte PHILIPS die Technologie allen zur Verfügung. Das war der Startschuss für die vielen Compact Cassetten. Die zweite PHILIPS Cassetten-Generation nannte man EL 1903-118D. Am Anfang wurden auch sie mit Schrauben und Muttern zusammengehalten. Danach mit Blechschrauben, danach geklebt. In der Übergangsphase wurden auch die für Schrauben hergestellten Gehäuse einfach geklebt. Ab 1975 wurde wieder verschraubt. Die letzten PHILIPS-Cassetten gab es Ende der 1990'er Jahre.

Weitere Bilder und Wissenswertes in den jeweiligen Büchern!

Wer einen PHILIPS EL 3300 erwerben möchte, muss auf einige Merkmale achten.

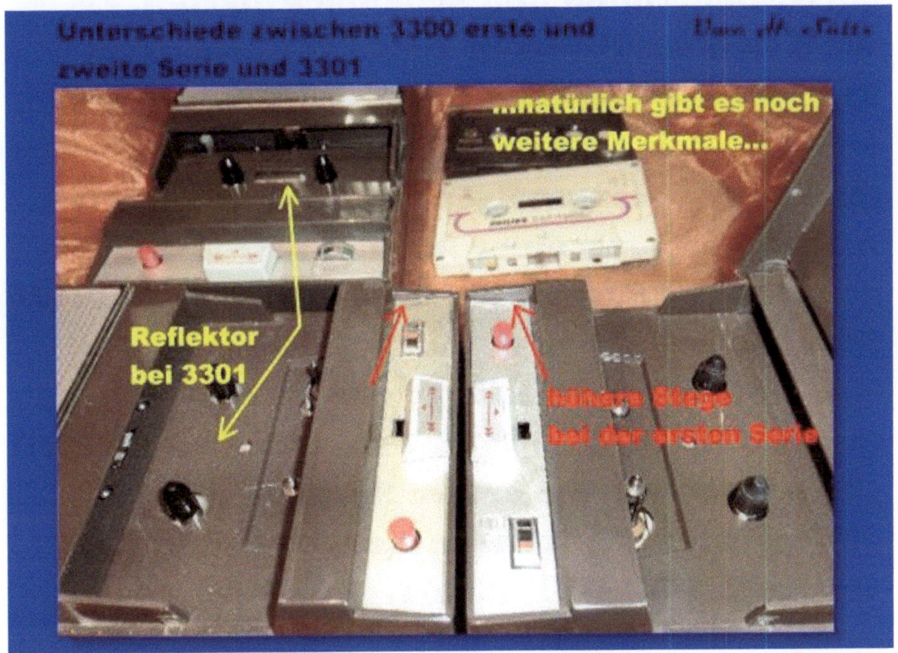

Auf jeden Fall werden zu 99%iger Wahrscheinlichkeit beide Riemen defekt sein, schlimmer noch, sie werden sich zu einer klebrigen Masse zersetzt haben. Es droht viel Arbeit, aber der Rcorder wird wieder arbeiten. Denken Sie daran, es ist Kulturgeschichte!

Soviel zur Anfangsgeschichte der Compact Cassette. Wer sich also mit dieser Materie beschäftigt, könnte zu seiner Sammlung einen EL 3300/01/02 und die Cassette EL 1903 sein

Eigen nennen. Ich denke aber eher, dass es so ist wie bei der Schallplatte, nicht jeder kauft sich ein Grammophon und Schelllackplatten. Es wird eher die HiFi-Zeit sein, die für heutige Freunde der Compact Cassette interessant sein wird. Ab den 1970er Jahre kamen dann die qualitativ besseren Recorder, zuerst Toplader. Alles begann mit einer Aufnahmefrequenz bis 5000 Hz, dann bis 10000 Hz, 12500 war dann die Schallmauer für High Fidelity. Das NAKAMICHI 1000 ZXL wurde bis 1986 gebaut und erreichte bis zu 25000 Hz. Das NAKAMICHI Chassis 500 war im ersten Recorder, der offiziell die HiFi-Schallmauer durchbrach, verbaut... im ADVENT 201.

Ein ADVENT 201 und die erste Chrom-Cassette von DEPONT sind rare Sammelobjekte. Wie die Geschichte dazu ist, ist in SÜLTZ BÜCHERN beschrieben. Sammelobjekte aus dieser Zeit sind noch THE FISHER, erste SONY Geräte... überhaupt Geräte, womit die HiFi-Zeit losgelegt hatte.

An der HiFi-Schallmauer wurde also schon Ende der 1960'er Jahre gekratzt. Mit HARMAN KARDON und THE FISHER etwa. Alle Chassis stammen von NAKAMICHI. Das NAKAMICHI-Chassis wurde in vielen Geräten verbaut. NAKAMICHI Laufwerke und komplette Chassis sind zu finden in: Advent, Sonab, Thorn, Goodmans, Sansui, The Fisher, Concord, Leak, Yamaha, Ferguson, Harman Kardon, Sylvania, BASF, Kellar, Bell & Howell, Rank Wharfedale, SABA, Electro Home, KLH, sowie ELAC und weitere...

Die Zeit und die Entwicklungen gingen weiter. Nach Einzelgeräten kamen Kompaktanlagen. Der Nachteil war der, dass Geräte nicht ausgetauscht werden konnten. Mehrere Geräte in einem Gehäuse waren für Sammler nicht attraktiv, etwa Stereo-Türme oder ROSITA-

Anlagen. Als danach die Einzelgeräte
herauskamen, begann der Boom der heutigen
Sammler. Ich möchte am liebsten hier alle
Marken nennen, denn jeder hat seine Vorlieben.
Da aber der Titel des Buches etwas mit dem
Holzklotz und dem DRAGON zu tun hat, soll
der DRAGON auch erwähnt werden. Das Gerät
NAKAMICHI 1000 ZXL entstand aus der
Weiterentwicklung des legendären TRI
TRACER 1000.

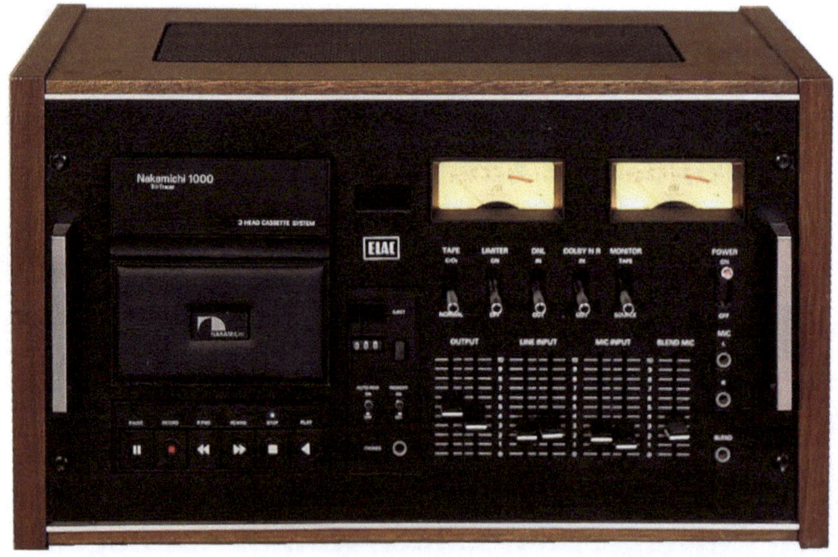

Für Sammler ein klasse Recorder mit sehr
guten Werten und einer robusten Mechanik.

Zugeben muss man, dass ein NAKAMICHI
DRAGON mit nichts zu vergleichen ist, da er

einen beweglichen, motorgesteuerten Kopf hat. Azimut-Fehler werden sofort ausgeglichen. Ein Sammelwürdiger Recorder.

Jeder Freund dieser Vintage-Technik wird sich für seinen Lieblingsrecorder entschieden haben. Aber was sind denn sammelwürdige Compact Cassetten? Damit sind nicht die Cassetten gemeint, die zum fast täglichen Gebrauch des Tapedecks gemeint sind. Das sollten nur die besten Bänder sein, die dem Tonkopf nicht schaden.

Aus dem Buch:
COMPACT-CASSETTEN-REPORT, Teil 2 „SAMMELN"

Der COMPACT-CASSETTEN-REPORT, Teil 2 „SAMMELN", befasst sich mit dem Sammeln von Kaufhaus-, Elektrogeschäft- und Zulieferer-Compact-Cassetten. Was ist zu beachten? Welche Cassetten sind wertvoll? Wo finde ich Compact Cassetten? Diese und weitere Fragen sollen geklärt werden. Der COMPACT-CASSETTEN-REPORT wird mit weiteren Themen fortgesetzt.

Tipps:

-Cassetten regelmäßig umspulen

-Klebestellen zwischen Band und Vorspannband kontrollieren

-weißer Pilz schadet nicht, abwischen, umspulen, Folien säubern

 -Neben dem Band ist auch die Gleitfolie ein Verschleißteil

-verklebte Gehäuse sind stabiler, lassen sich aber nicht öffnen

-verschraubte Gehäuse nachschrauben

-nicht senkrecht stehende Bandumlenkstege verursachen Azimutfehler, dann lieber nur die Bandführungsrollen benutzen

-Andruckfedern geben nach, nachbiegen oder erneuern

-Andruckfilze werden schmutzig, können sich lösen, erneuern

-die Lackschicht, in der die Magnetpartikel eingebunden sind, ist nicht bei allen Herstellern gleich abriebfest, Köpfe, Welle, Rolle reinigen

-Laufwerk staubfrei halten

-Bandsalat entsteht durch elektrische Aufladung der Gleitfolien, durch verschlissene Gleitfolien, durch verschmutzte Andruckrolle oder Welle, durch defektes aufwickeln (Kupplung)

Kaufberatung:

Eine große Auswahl an Compact Cassetten ist auf Verkaufsplattformen im Internet, etwa Ebay, zu finden. Stellen Sie dabei die Sucheinstellung auf WELTWEIT. Gerade in den USA und Kanada sind Kostbarkeiten zu finden. Des Weiteren sind Trödelmärkte angesagt. Hier finden Sie die günstigste Möglichkeit. Auf Verkaufsplattformen weiß der Verkäufer schon, was er da anbietet. Dann kann eine gesuchte Cassette auch schon einmal 5, 10 oder gar 100 Euro kosten. Wertvoll sind u.a. Sondercassetten, wie z.B. Cassetten zur Fußballweltmeisterschaft.

Besonders von Wert sind die ersten Compact Cassetten, die auf den Markt gebracht worden sind. Hier Beispiele:

Interessant sind auch komplette Serien. Z.B. die abgebildeten 3 Cassetten C60 aus 3 Jahrgängen von Kaufhalle in originalen Hüllen:

Und auch die Hüllen sind wichtig. Eine Compact Cassette mit originalen Schrauben, originalem Band, unbeschriftete originale Einleger und originaler Cassettenhülle ist von Wert. Hier ein Beispiel:

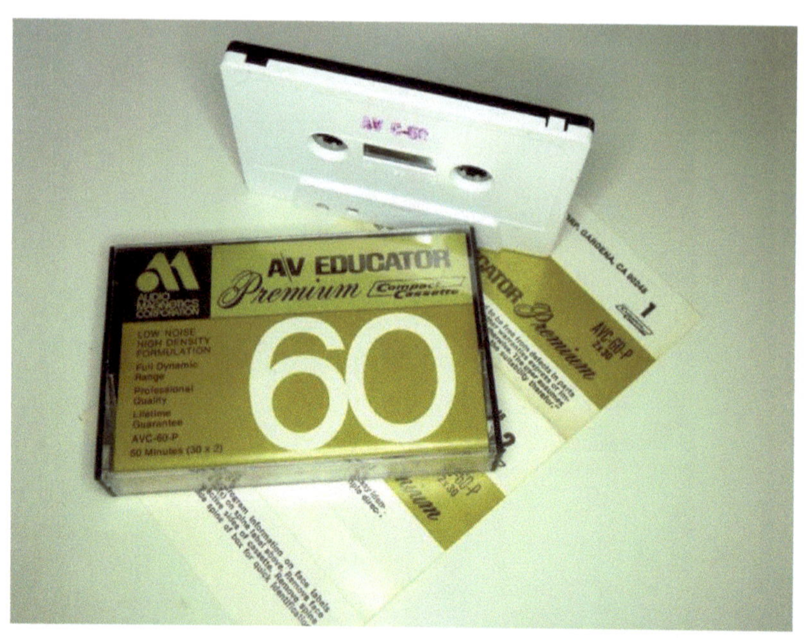
AV EDUCATOR
Premium Compact Cassette
LOW NOISE
HIGH DENSITY
FORMULATION
Full Dynamic
Range
Professional
Quality
Lifetime
Guarantee
AVC-60-P
60 Minutes (30 x 2)
60
AV C-60
1
AVC-60-P
GARDENA, CA

COMPACT CASSETTE
MUSETTE
2 x 30 min.
C 60
60 MIN.

Erst Recht original verpackte und eingeschweißte Cassetten haben Wert:

Papphüllen stammen aus den Anfängen:

Auch das ist wichtig: Am Anfang wollten alle dabei sein.
Viele Unternehmen brachten schon eine eigene Hülle auf den
Markt, aber noch nicht den passenden Cassettenaufkleber.
Nicht jeder konnte Cassetten herstellen. Es gab
Universalcassetten in den unterschiedlichsten Einlegern.

Hier ein Beispiel für Universalcassetten:

Wer Cassetten sammelt, möchte vielleicht wissen, wer
steckt dahinter?

Wer mit wem?

EXCLUSIV war die Hausmarke von WOOLWORTH

ATLAS = HERTIE

STUDIO = Bertelsmann

AUDIO MAGNETICS waren in den 1970'ern kurzzeitig die Größten Zulieferer

WONDER = Kaufring

KLASSE = Kepa, Karstadt

EXTRA = TIP = Goldhand

Teleton = Permaton = Permachrom

Fireball = Hertie

STANDARD = Waltham, Zulieferer für Kaufhäuser

ELITE = Kaufhof

Kamichi = Horten

Timeton = ACME = Travellers = Tschibo

Audio Magnetics belieferte Elite, Jürop, Dreams, Joker, Fireball...

WALTHAM lieferte für Kaufhäuser, Dreams, Standard, Fireball...

Revue = Foto Quelle

Wenn Sie eine Cassette erworben haben, überprüfen Sie zunächst die Klebestellen zwischen dem Vorspannband und dem Bandmaterial. Gerade bei geklebten und nicht geschraubten Cassetten ist das sehr wichtig! Die Klebestelle versagt, das Band wickelt in das Gehäuse und jetzt muss die Cassette aufgebrochen werden.

Kontrollieren sollten Sie auch den Andruckfilz. Auch wenn er noch festsitzend aussieht, könnte er bei Benutzung abfallen. Bei Cassetten, die geschraubt sind, werden die Gleitfolien gereinigt und die Abschirmbleche, je nach Material, sowie die Chromstahlachsen, falls vorhanden, entmagnetisiert.

Meine Tests ergaben, dass manche Cassetten nicht einmal einen Frequenzgang von 8000 Hz erreichten. Einige Cassetten setzten den Tonkopf sehr schnell zu. Die Qualität einer Cassette erkennt man auch am Gewicht, je schwerer, desto besser.

Nun folgen Beispiele, natürlich gab es noch viel mehr Compact Cassetten:

HERTIE EXPERT
C120
2 x 60 Minuten
2
C 90
LOW NOISE
Compact Cassette
C 90
LOW NOISE
Compact Cassette
C 90
2 x 45 Minuten

CO OP
SUPER SOUND
Leercassette
HIFI unbespielt 2 × 45 Min.
C90
SUPERFERRO

CO OP
SUPER SOUND
2 × 30 Min.
Leercassette
C60
LOW-NOISE

C 60
Compact Cassette
STUDIO QUALITY
LOW-NOISE

Compact Cassette
C 60
1
LOW - NOISE
STUDIO QUALITY

Sehr viel mehr Sammelcassetten sind im oben genannten Buch aufgeführt.

Die noch wertvolleren Compact Cassetten sind die, die am Anfang mit Schrauben und Muttern verschraubt waren. Das sind PHILIPS Cassetten mit Aufklebern anderer Marken:

Bei den fertig bespielten Cassetten, den MusiCassetten, sind besonders gefragt, MusiCassetten mit Schrauben und Muttern, sowie SQ-Quadro-Cassetten von BASF.

Die MusiCassette

Bereits 1964 wurden erste fertig bespielte Cassetten, KOSTPROBEN von PHILIPS/MERCURY, dem Cassetten-Recorder PHILIPS EL 3301 beigelegt.

1965 kamen dann die ersten MusiCassetten (01 001 CDE Latin American Favourites und 01 002 Misa Criolla) auf den Markt.

1966/67 gab es MusiCassetten in STEREO.

1968 wurde DOLBY eingeführt.

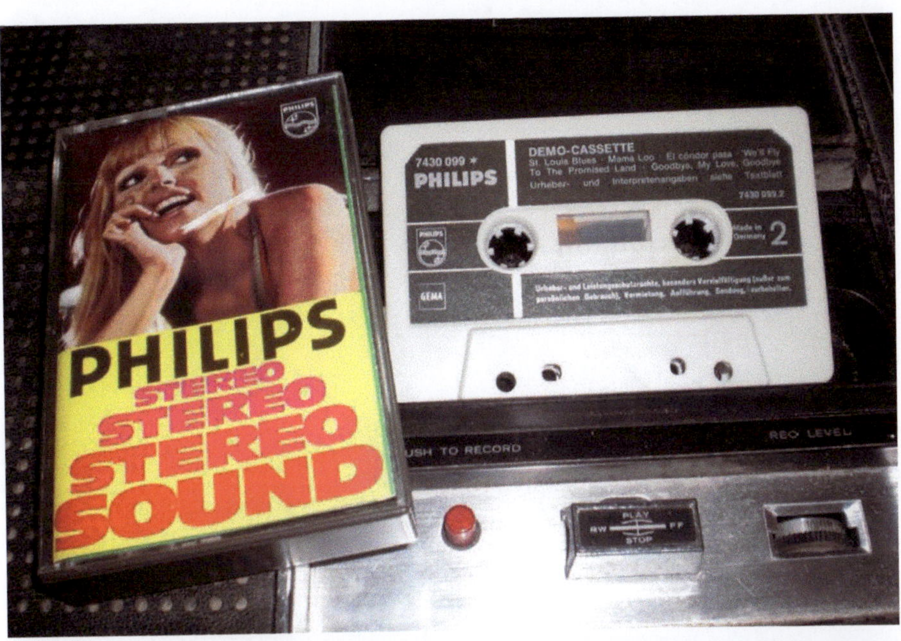

PHILIPS
STEREO
STEREO
STEREO
SOUND
PHILIPS
7430 099
DEMO-CASSETTE
St. Louis Blues · Mama Loo · El cóndor pasa · We'll Fly
To The Promised Land · Goodbye, My Love, Goodbye
Urheber- und Interpretenangaben siehe Textblatt
7430 099.2
Made in Germany 2
GEMA
Urheber- und Leistungsschutzrechte, besonders Vervielfältigung (außer zum persönlichen Gebrauch), Vermietung, Aufführung, Sendung, vorbehalten.
PUSH TO RECORD
REC LEVEL
PLAY
RW STOP FF

PHILIPS
demonstration tape
hi fi
Compact Cassette
STEREO
OFF
DOLBY NR
ON
MONO
OFF
DNL
ON
TAPE AUTO
FERRO
CHROMIUM
CROMIUMDIOXIDE
DOLBY SYSTEM
RECORDING LEFT
RECORDING RIGHT
HEADPHONE BALANCE
HEADPHONE VOLUME
PHILIPS
7430 511
CrO2 · DOLBY B DEMO CASSETTE
VARIOUS ARTISTS
STEREO
Made in Holland 1
STEREO
All rights of the producer and of the owner of the work reproduced reserved. Copying, public performance and broadcasting of this tape prohibited.
PUSH TO RECORD
REC LEVEL
PLAY
RW STOP FF

Service-Cassetten, die aus der Zeit stammen, sind extrem gesucht. Nachproduzierte sind für viel weniger zu erhalten.

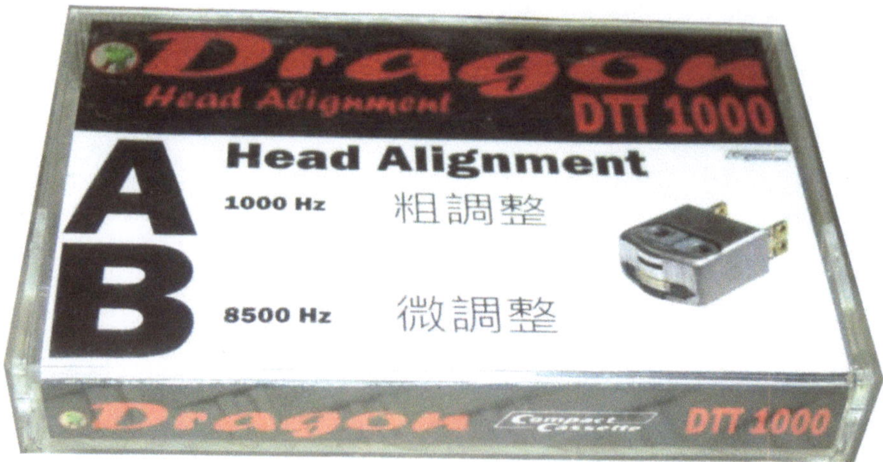

Als Abschluss möchte ich sagen, die Compact Cassette lebt! Neue Cassetten werden immer noch produziert. Die Preise für Markencassetten, die original verpackt sind, steigen. Bei Gebrauchtware müssen Sie Glück haben, wenn das Bandmaterial einwandfrei ist. Bei den Cassetten, die nur gesammelt werden, sind alle mit Schrauben und Muttern viel wert.

Ich hoffe, ich konnte Ihnen die Compact Cassette näher bringen. Die Schallplatte hat es geschafft und wurde wiedergeboren und die Compact Cassette wird es auch schaffen. Lou Ottens Idee muss leben. Wir kannten uns seit 1963, da gab er mir einen Lutscher.
Viel Freude bei diesem Hobby wünscht Uwe H. Sültz